AF459484

RECHERCHES

SUR LA

CAUSE DES PHÉNOMÈNES ÉLECTRIQUES DE L'ATMOSPHÈRE,

ET SUR LES MOYENS

D'EN RECUEILLIR LA MANIFESTATION;

PAR M. A. PELTIER.

PARIS,
IMPRIMERIE DE BACHELIER,
rue du Jardinet, 12.

1842.

Recherches sur la cause des phénomènes électriques de l'atmosphère, et sur les moyens d'en recueillir la manifestation;

Par M. A. PELTIER.

(Extrait des *Annales de Chimie et de Physique*, 3e série, t. IV.)

INTRODUCTION.

1. Les diverses branches des sciences physiques qui font partie de la météorologie se composent d'observations très-pénibles à recueillir, en raison de leur nombre et des heures fixes que souvent elles exigent; aussi les observateurs se sont-ils divisé le travail suivant leur goût, la localité ou leur position particulière. Le grand nombre de météorologistes qui s'occupent de ces questions a fait surgir ces masses d'observations magnétiques, barométriques, thermométriques, hygrométriques et aériennes, dont l'ensemble forme ces collections immenses, sous le faix desquelles gémissent ceux qui veulent les coordonner et en faire jaillir des lois utiles.

2. Lorsqu'on envisage sans théorie préalable et sans préjugé les observations des météores aqueux et ignés, on est tout surpris du vide qui règne dans les explications qu'on en donne et des lacunes que l'on n'a remplies que par des énoncés hypothétiques et souvent contradictoires. Tout ce qui touche aux phénomènes électriques parait encore appartenir au berceau d'une science, puisque l'on a besoin de recourir à des créations de substances armées de forces, au lieu de ramener les météores à une cause générale qui domine tous les phénomènes naturels. Cela prouve, du reste, combien il est difficile de se séparer des idées antérieures dont on s'est fait l'habitude d'user sans contrôle, et qui ont servi à former la langue scientifique dont on fait usage.

3. Il y a trois difficultés à vaincre lorsqu'on veut revenir sur une science ancienne qui a sa théorie acceptée. La première est celle de faire douter des idées reçues sur la cause des phénomènes; la seconde est le langage qu'elles ont produit et qu'il faut changer; la troisième, enfin, est de présenter une théorie nouvelle qui réponde mieux aux phénomènes connus, théorie qu'on recevra toujours avec répugnance, quel que soit son mérite, parce qu'elle nous oblige à un effort d'esprit dont nous dispensait la foi que nous avions dans les affirmations de l'ancienne.

4. Dans un travail spécial, je dirai pourquoi je ne peux accepter ni les deux fluides de Dufay, ni le fluide unique de Franklin; je montrerai alors que la cause des phénomènes électriques est, comme celles de la lumière et de la chaleur, une modification du fluide universel qui remplit l'espace; j'indiquerai quelle est la modification qu'il reçoit pour produire ces nouvelles manifestations, modification toute différente de celles de la lumière et de la chaleur; alors seulement je pourrai proposer des dénominations appropriées aux véritables causes; mais jusqu'à ce moment, je ne puis me dispenser de l'emploi du langage usuel qui a été créé pour des théories qui croulent de toutes parts et qui n'ont d'appui que dans des suppositions acceptées. Dans l'enfance d'une science, on crée autant de forces qu'on a de phénomènes à expliquer, comme, dans la mécanique, on place une force motrice pour chaque effet qu'on veut produire. Mais les progrès dans l'une comme dans l'autre science, élaguent cette superfétation de forces et ramènent les divers effets à une force unique. Les noms *vitré* et *résineux*, *positif* et *négatif*, qui me sont encore imposés, n'ont pour moi aucun des sens que leur attribuent les théories qui les ont fait naître; ils n'auront pas pour moi d'autre valeur que celle d'indiquer les degrés différents d'un même état, à partir d'un point d'equilibre privé de manifestation électrique. Ce n'est pas le moment de prouver avec détail

pourquoi je considère l'*état résineux* comme le phénomène électrique réel, et pourquoi l'*état vitré* n'en est que l'absence ou la diminution; sans remonter jusque-là dans ce Mémoire, on verra que tous les phénomènes dont nous aurons à nous occuper y coucordent; qu'en admettant cet énoncé, les phénomènes naturels se groupent et se transforment sans effort. Nous emploierons de préférence les mots *résineux* et *vitrés* comme les plus insignifiants, donnant au premier le sens d'une tension *plus résineuse* que le point d'équilibre, et à l'autre le sens d'une tension *moins résineuse* que celle que possède ce même point.

5. Je rappellerai ce que j'ai déjà dit plusieurs fois, c'est que nos instruments mesureurs d'électricité n'indiquent que les différences d'un même état, et non des états contraires, ni des quantités absolues. Leur fonction se borne à dire qu'à partir du point où l'on a équilibré un instrument, comme un électroscope, par exemple; à partir du point, disons-nous, où l'on a mis sa tige en communication avec les armatures et la platine, on a ensuite augmenté ou diminué cet état électrique dans la tige; qu'elle est ce qu'elle était avant, *plus* ce qu'on y a ajouté, ou *moins* ce qu'on en a retiré. Le signe électrique dépendra donc du point de départ de l'instrument, d'un point d'équilibre qui peut excessivement varier, et qui existe aussi bien au centre d'une atmosphère à son maximum de tension *résineuse* qu'au minimum de la même tension.

6. Dans le courant de ce Mémoire, je parlerai souvent de l'électroscope à feuilles d'or, quoiqu'il ne soit pas l'instrument dont je fasse usage; il n'a ni la précision ni l'étendue d'indication nécessaire, lorsqu'on veut interroger des phénomènes aussi variables dans leur tension électrique que ceux de l'atmosphère. Je me sers de l'électromètre à aiguille que j'ai fait connaître (*Ann. de Chim. et de Ph.*, 1836, t. LXII, p. 422), et que j'ai réduit aux proportions d'un électroscope ordinaire. Je ne l'ai modifié qu'en courbant le conduc-

teur fixe, pour le ramener au centre en le prolongeant verticalement de 2 décimètres, et en le surmontant d'une boule métallique creuse de 8 centimètres de diamètre. Je le décrirai plus au long dans le travail qui contiendra les applications et les tableaux d'observations. Ce Mémoire ne traitant que du principe général, je citerai plus souvent l'électroscope à feuilles d'or, comme étant plus connu des lecteurs.

7. On sait que les électromètres sont composés de deux parties distinctes : l'une devant toujours communiquer au sol, l'autre qui en est isolée et porte avec elle des corps mobiles comme des feuilles d'or, une aiguille suspendue ou à pivot, etc. La somme d'électricité qui constitue leur équilibre peut être altérée de deux manières :

1°. Elle peut être dépassée en donnant à l'élément indicateur une plus grande tension *résineuse;*

2°. Elle peut être diminuée en retranchant à cette tension *résineuse;*

Dans le premier cas, le signe est *résineux en plus*, et le nom de *résineux* lui est conservé;

Dans le second cas, il est *résineux en moins*, et il porte le nom de *vitré*, quoiqu'il ne diffère en aucune manière du premier, à l'exception de la tension *résineuse*, qui est moindre que celle du point d'équilibre.

8. Les rhéomètres (multiplicateurs) n'indiquent également que la différence des propagations contraires; ils ont de plus l'inconvénient d'exiger une propagation continue, sans intermittence, et leur sensibilité est très-inférieure à celle des électromètres statiques, comme je l'ai prouvé dans un Mémoire publié dans les *Annales de Chimie et de Physique*, t. LXVII, page 422 et suivantes.

CHAPITRE PREMIER.

Des moyens de reconnaître l'influence résineuse de la terre.

9. De Saussure (1) fait remonter à Gilbert la première analogie qui a été faite entre l'électricité et la foudre, idée que Wall (2) a reproduite en 1708, Grey en 1735 (3), Nollet en 1746 (4), Hales (5) et Barberet (6) vers la même époque, enfin Franklin et ses continuateurs.

Franklin n'avait qu'indiqué les moyens d'investigation, mais il n'avait fait aucune expérience lorsque d'Alibard (7) fit la sienne à Marly-la-Ville, le 10 mai 1752, avec un appareil fixe, et Romas (8) dans la même année avec un cerf-volant. Beccaria (9), Le Monnier (10), Ronayne (11), Read (12), Schubler (13), etc., firent usage d'appareils fixes, tandis que Romas, le prince Gallitzin (14), Mussenbrock, Van-Swinden, le duc de Chaulnes, Bertholon (15), etc., et Beccaria, et Franklin (16), et Cavallo (17) joignirent les cerfs-volants aux appareils fixes.

10. Les résultats des nombreuses expériences que l'on

---

(1) *Voyage dans les Alpes*, note du § 648 A. Voyez aussi Gilbert, *De Magnete, etc.*, liv. II, chap. 2, p. 58, éd. 1632. C'est plutôt une allusion vague qu'une comparaison expresse.

(2) *Phil. Trans.*, vol. XXVI, nº 314, année 1708.

(3) *Phil. Trans.*, Abridg. vol. VIII, p. 401.

(4) *Leçons de Physique*, 1re édit. du IVe vol., p. 314, année 1748.

(5) *Considérations sur la cause physique des tremblements de terre.*

(6) *Dissertation sur le rapport qui se trouve entre les phénomènes du tonnerre et ceux de l'électricité*. Bordeaux, 1750.

(7) *Traduction des lettres de Franklin* par d'Alibard, 2e éd., t. II, p. 99, et celle de Barbeu-Dubourg, 1re partie, page 105.

(8) *Mémoires des savants étrangers, Ac. des Sc. de Paris*, t. II, p. 393.

(9) *Première lettre sur l'électricité atmosphérique*. Turin, 1775.

(10) *Mémoires de l'Académie des Sciences de Paris*, 1752, p. 233.

(11) *Phil. Trans.*, 1772, p. 137.

(12) *Phil. Trans.*, 1791, p. 185; 1792, p. 225.

(13) Voyez sa *Météorologie* et le *Journal* de Schweigger, t. VIII, p. 134; XI, 337; XIX, 1.

(14) *Acta Acad. imper. Petropol.*, 1778, 1re partie, p. 76 de l'Histoire.

(15) *Électricité des météores*, de Bertholon, t. I, page 66.

(16) *Œuvres de Franklin*, lettre du 19 octobre 1752.

(17) *Traité de l'Électricité*, 4e partie, chap. 1 et 2.

a faites sur l'électricité atmosphérique, ont souvent été contradictoires : Romas, le prince Gallitzin, Mussenbroek remarquèrent, dès l'origine, que les signes électriques variaient avec la marche du cerf-volant, ce que de Saussure et Ermann démontrèrent plus tard avec l'électroscope en l'élevant ou le baissant. D'un autre côté, Beccaria, Read, Schubler se plaignaient du peu d'accord des appareils fixes. Des anomalies nombreuses et des silences plus nombreux encore viennent chaque jour porter la perturbation dans la théorie reçue, et ont déterminé la plupart des observateurs à ne plus s'occuper des manifestations électriques. Ce qui paraît le plus contradictoire, c'est ce silence absolu des appareils fixes au milieu de l'agitation de l'air, lorsque la moindre élévation donne des signes puissants d'électricité dans l'électroscope mobile; c'est la marche en sens contraire des signes électriques et de l'hygromètre, comme M. Clarke, de Dublin, l'a observé (1); et en effet, si la vapeur était vitrée, comme on le dit, les instruments devraient parler avec plus d'énergie lorsque l'atmosphère en contient beaucoup, et le vent qui vient frapper les fils explorateurs devrait les charger perpétuellement. Toutes ces difficultés auraient dû depuis longtemps témoigner contre la théorie admise et faire reprendre les expériences sans aucune idée préconçue ; c'est ce que nous avons fait et ce dont nous rendrons un compte détaillé dans le *Traité de Météorologie électrique* que nous préparons, et dont le présent Mémoire n'est que l'extrait d'une des parties. Nous avons revu les faits, et nous avons tiré les déductions qui nous ont paru en sortir le plus rationnellement, sans nous inquiéter de celles qui avaient été tirées avant nous.

11. Nous allons d'abord rappeler et reproduire l'expérience de Saussure (2) et d'Ermann (3), expérience qui

---

(1) *Athenæum*, 14 mars 1840, n° 646.

(2) *Voyage dans les Alpes*, § 791 et suivants.

(3) *Annales de Physique* de Gilbert, année 1803, t. XV, p. 385-418. *Journal de Physique*, an XII, t. LIX, p. 98-105.

seule suffisait pour prouver l'erreur des anciennes théories et ouvrir une nouvelle route à la météorologie; mais ces illustres physiciens n'ont pu ou n'ont point osé se placer en opposition avec les théories admises; ils se sont contentés, l'un de l'y rattacher par des suppositions impossibles, l'autre de rester dans l'incertitude et le silence.

12. On prend un électroscope ordinaire, *Pl. IV, fig.* 1, armé d'une tige de 40 centimètres au plus et terminée par une boule de métal poli, de 7 à 8 centimètres de diamètre. Nous dirons bientôt pourquoi nous terminons la tige par une grosse boule polie, au lieu de la terminer par une pointe. Cette boule pourra être en verre ou en carton recouvert d'une feuille d'étain, afin qu'elle soit plus légère. Sous un ciel serein et dans un lieu parfaitement découvert, dominant les arbres et les monuments voisins, plus élevé enfin que tous les corps environnants qui reposent sur la terre; si dans cette position on fait communiquer la tige et la platine de l'instrument que l'on tient à la main, pour les mettre dans une égalité de réaction, il est alors équilibré, les feuilles d'or tombent droites et marquent zéro. Comme on peut établir cette communication de la tige à la platine à toutes les hauteurs, un électromètre peut donc être équilibré à toutes les couches et y marquer zéro. Ainsi équilibré, on peut le présenter aux agitations de l'atmosphère pendant des heures entières, sans que les feuilles manifestent la moindre divergence, ni même en le promenant horizontalement, si on le maintient toujours à la même hauteur (1). Il n'en serait plus de même si l'on était dominé par un corps voisin, formant saillie au-dessus du sol; ce corps posséderait une tension d'autant plus considérable qu'il serait plus élevé et plus aigu. Il le devient quelquefois à tel

(1) *Voyez* l'article *Atmosphère* du supplément au *Dictionnaire des Sciences naturelles*, et ma communication à l'Académie des Sciences du 8 février 1841.

point en présence des nues fortement électriques, que l'électricité d'influence rayonne par ses aspérités sous forme d'aigrettes lumineuses, phénomène qu'on a nommé *feu de Saint-Elme*. En s'éloignant ou en s'approchant horizontalement d'un tel corps, on a le même résultat qu'en s'éloignant ou en s'approchant verticalement du sol, comme nous allons le dire.

13. Au lieu de rester dans la couche où l'instrument a été équilibré, si le temps est sec, froid et le ciel parfaitement serein, il suffira, dans notre climat, de l'élever de 3 décimètres pour avoir 20 degrés de divergence avec les feuilles d'or, mais cette divergence est bien plus considérable si la température est de 10 à 15 degrés au-dessous de zéro depuis plusieurs semaines; l'élévation d'un seul décimètre suffit pour projeter les feuilles d'or contre les armatures : sous un ciel pur, le signe électrique est toujours *vitré*. Si pendant la journée il s'est formé beaucoup de vapeurs, il faudra, pour obtenir une même intensité d'action, lever l'instrument d'autant plus haut, que l'air en contiendra davantage. Ayant obtenu cette manifestation d'une électricité *vitrée*, si l'on baisse l'instrument pour le replacer à la hauteur première où l'équilibration a été faite, les feuilles retombent à zéro; si ensuite on le descend au-dessous de ce point, d'une quantité égale à celle qui l'a surpassé d'abord, les feuilles divergent de nouveau, mais alors leur signe est contraire, il est *résineux*. En replaçant l'instrument au point du départ, il retombe de nouveau à zéro. Ainsi, au-dessus de ce point, il donne un signe *vitré*; au-dessous, il donne un signe *résineux* et il reprend son équilibration en le replaçant au point de départ.

14. En changeant le point d'équilibration, c'est-à-dire en équilibrant l'instrument dans une couche supérieure ou dans une couche inférieure à la première, on fait varier les signes pour des hauteurs données. Par exemple, dans la

couche d'air où l'instrument divergeait *vitreusement*, on peut le faire diverger *résineusement*, il suffit pour cela de l'équilibrer au-dessus de cette couche d'air et d'y descendre ensuite l'instrument. Il en sera de même pour le faire parler *vitreusement* dans la couche d'air où il parlait *résineusement*; il suffira de l'équilibrer au-dessous de cette couche, puis de le remonter à sa hauteur. Dans cette expérience, l'air ne joue aucun rôle; l'élévation de l'instrument, son abaissement et son mouvement horizontal n'ont pu lui faire prendre ni lui faire perdre d'électricité; il y a eu différence dans la distribution, mais non dans la quantité; tout s'est passé comme étant sous l'influence d'un corps électrisé, tout a été transitoire, rien n'a été permanent.

J'ai armé la tige d'une grosse boule polie, d'abord pour rendre le phénomène d'influence plus intense et ne laisser aucun doute sur la cause; secondement pour ne pas le compliquer du rayonnement de l'électricité accumulée à l'extrémité supérieure.

Æpinus avait déjà remarqué, dans l'hiver de 1766 à 1767, pendant un froid de 24° R. au-dessous de zéro, et qui durait depuis plusieurs semaines, que tous les corps ayant perdu une grande partie de leur humidité par ce froid âpre et desséchant, ils étaient devenus isolants et qu'il suffisait de les frotter légèrement pour obtenir de vives étincelles. « Quoi qu'il en soit, dit-il, l'air n'est pas plus électrique spontanément pendant ces grands froids que pendant les froids moindres; par lui-même il ne donne pas d'électricité, mais les corps en prennent aux moindres frictions. » (1)

15. Au lieu d'une boule polie, si l'on arme la tige d'un faisceau de pointes, au phénomène d'influence vient s'en ajouter un autre qui a toujours fait méconnaître la cause du

---

(1) *Voyez* le Mémoire de Guthrie, *Trans. soc. roy. d'Édimbourg*, vol. II, p. 213-244.

premier. Avec des pointes ou des arêtes aiguës, par où l'électricité peut s'échapper, celle qui est attirée à l'extrémité de la tige, lorsqu'on l'élève ou qu'on le baisse, n'y reste pas coercée; elle s'écoule vers l'espace et ne laisse dans la tige que l'électricité accumulée à l'autre extrémité. Après cette perte par le rayonnement des pointes, si l'on replace l'instrument au point de son équilibration, cette électricité conservée reste dominante, les feuilles divergent alors, et elles divergent avec une électricité permanente. Dans ce cas, ce n'est plus le phénomène primitif, il a cessé d'être simple; il en est survenu un second qui en a changé la nature en donnant écoulement à ce qui est attiré. Au lieu de pointes, si l'on place au bout de la tige une mèche enflammée, comme le faisait Volta, la marche de l'instrument sera plus rapide encore; l'électricité d'influence rayonnera plus facilement et l'instrument atteindra à l'instant son maximum de tension permanente. Plus l'influence sera puissante, plus le rayonnement sera grand et plus alors les feuilles divergeront.

16. Ces deux moyens ont chacun un double inconvénient: d'abord ils ne rendent ni l'un ni l'autre le phénomène dans sa simplicité, puisque leur indication est semblable à celle d'une électricité reçue du dehors, tandis qu'ils ont seulement perdu celle qui était repoussée par l'influence terrestre à l'extrémité supérieure de la tige; secondement, le rayonnement des pointes et de l'amadou en combustion dépend de l'humidité de l'air, de la pluie et de la force du vent; ils ont en outre l'inconvénient de ne pouvoir garder de tension électrique un peu notable pendant une grande humidité: l'indication de l'instrument n'est point la mesure de l'influence électrique, mais celle de ce qui n'a pu s'écouler par l'air humide. Ces moyens étant tout à fait subordonnés à la puissance conductrice de l'atmosphère, ils sont impropres à recueillir et mesurer la variété des tensions électriques de tous les moments.

17. Du reste, dans toutes ces expériences, l'instrument n'est soumis qu'à des influences électriques, et le résultat est toujours conforme aux lois des distributions inégales de l'électricité du corps, du rayonnement de celle qui est attirée vers les pointes ou vers la flamme, et de la conductibilité de l'air ambiant. Pour rendre la conclusion plus évidente, j'ai reproduit dans le cabinet la même série d'expériences, et je démontre ainsi que tous les effets observés sous un ciel serein sont bien dus à des influences d'un corps électrique, et non au contact d'un fluide électrisé.

18. Le premier soin qu'il faut avoir dans ce genre d'expériences, c'est de se rapprocher le plus possible des circonstances qui accompagnent l'influence du globe terrestre, afin d'avoir des résultats identiques, ce qui ne pourrait avoir lieu si l'on négligeait certaines conditions. Une des premières dont il faut tenir compte, est la petitesse infinie de nos instruments, comparativement à la grosseur du globe, qui les modifie par influence; secondement, c'est que leur élévation au-dessus du sol peut être regardée comme infiniment petite, et l'action du globe les enveloppe comme un point de sa surface. Pour se rapprocher de ces conditions, il ne faut donc pas placer l'instrument sur un globe ni même sur une surface plane; de quelque étendue qu'elle soit, ses limites seront toujours trop rapprochées de l'instrument, les rayons extrêmes de son influence seront loin d'avoir la même inclinaison que ceux du globe terrestre. L'instrument, si petit qu'il soit, sera très-élevé comparativement à l'étendue de la surface du corps, et ses rayons se rapprocheront trop de la verticalité.

19. L'expérience peut être faite de deux manières : d'abord, en reproduisant l'influence *vitrée* de l'espace céleste par un globe isolé suspendu au plafond; ou bien en agissant à la surface d'un globe isolé électrisé *résineusement*. Le premier moyen est plus simple, il est plus facile : on se place sous un globe avec un petit électroscope portant

une tige de 2 décimètres, terminée par une boule bien polie ou par une pointe, et l'on répète sous ce globe ce qu'on fait sous un ciel serein (12 à 15). On reproduit ainsi exactement les mêmes résultats, soit avec, soit sans rayonnement. Mais les personnes trop préoccupées de l'ancienne théorie pourraient lui reprocher de matérialiser l'espace céleste, d'en faire un corps pondérable chargé d'une électricité spéciale. Ce serait aussi rappeler les hypothèses du siècle dernier, qui faisaient de l'espace un vaste réceptacle d'électricité, où la terre puisait la sienne au moyen de ses vapeurs conductrices. Pour prévenir de telles objections, nous reproduisons les mêmes faits de la manière que nous allons le décrire, quoiqu'en réalité, pour ceux qui sont familiers avec la science de l'électricité, l'expérience précédente suffise complétement.

20. Pour me rapprocher le plus possible des conditions terrestres, et faire ressentir à l'électromètre l'influence des rayons électriques très-inclinés, j'ai pris un globe en cuivre de 40 centimètres de diamètre *aa*, portant une ouverture *b* de 16 centimètres. Ce globe repose sur des gâteaux de résine *cc* pour le maintenir isolé. Un cordonnet *d* est attaché à une bobine *e* qui tourne durement, et qui est fixée sur une règle immobile *f*; le cordonnet traverse une poulie *g* suspendue au plafond; dans l'œil fait à son extrémité passe un crochet *h*, scellé dans un bâton de gomme laque *i*; au bas de ce bâton de gomme laque est scellé un pas de vis *j* auquel on suspend un tout petit électroscope *k* par sa tige *q*. A la platine *l* est attaché un fil métallique *m*, qui touche toujours le fond du globe par son extrémité inférieure, armée d'une boule de cuivre *n*.

21. Au moyen de la bobine tournante *e*, et du cordonnet *d* qui y est enroulé, on peut monter ou descendre l'électroscope *k*, isolé dans sa partie supérieure par le bâton de cire *i*. Au moyen d'un fil métallique *o*, que l'on tient par un manche long et fin *p* de gomme laque, on peut faire

communiquer la tige *q* de l'électroscope avec le globe, et rendre ainsi tout en équilibre de tension électrique, sans que l'expérimentateur ni le globe terrestre y jouent aucun rôle. On baisse l'électroscope jusqu'à ce que toute la tige de *q* à *j* soit dans l'intérieur, on la tient en contact avec le globe au moyen du conducteur *o*, puis on communique au globe une électricité résineuse puissante. Comme la tige, les feuilles d'or *rr* et les armatures *ss* sont en équilibre de réaction, les feuilles d'or ne divergent pas. On retire le fil de communication par son manche isolant *p*, et la tige de l'instrument se trouve isolée.

22. Au moyen de la bobine *e*, on remonte l'électroscope de 1 ou 2 centimètres, les feuilles divergent aussitôt, et leur signe est une tension *vitrée* si le globe est résineux. Si l'on redescend l'électroscope, les feuilles retombent à zéro. Lorsqu'on a remonté l'électroscope et que les feuilles divergent *vitreusement*, si l'on met la tige *q* en communication avec le globe, une nouvelle équilibration a lieu, les feuilles retombent à zéro; mais si, à partir de ce point, on le redescend à celui qu'il occupait auparavant, les feuilles divergent alors et sont *résineuses*. Ainsi, lorsqu'on a donné écoulement à l'électricité libre de la tige *q*, c'est l'électricité *vitrée* des feuilles qui s'est écoulée, l'autre est restée fixée à la partie supérieure, repoussée par celle du globe. Lorsqu'on a descendu ensuite l'instrument, le globe, agissant avec plus de puissance sur le bout supérieur de la tige, a forcé l'électricité résineuse qui y était refoulée de se répartir vers le bout inférieur où l'action s'est augmentée dans une proportion moindre. Il semblerait, au premier moment, que c'est le contraire qui devrait avoir lieu, que la tension *résineuse* du globe, repoussant l'électricité du même nom, devrait la forcer de s'échapper et conserver l'autre. C'est ce qui aurait lieu si on faisait communiquer la tige avec un autre corps; mais sa communication avec le globe même, qui est *résineux*, retient repoussée celle de

même nom, et neutralise la portion *vitrée* qui est libre.

23. Lorsqu'on touche la tige *q* avec un plan d'épreuve isolé, il n'apporte pas de préférence pour l'une ni pour l'autre électricité; il enlève celle qui est repoussée par le globe, et non celle qu'il retient par son influence. C'est alors la tension *résineuse* qui diminue et la tension *vitrée* qui augmente dans la tige, effet contraire au premier contact, et qui apporte son opposition lorsqu'on baisse l'électroscope. Dans le premier cas, l'électricité *résineuse*, moins retenue à l'extrémité supérieure, se répartit sur toute la tige, et les feuilles divergent avec le signe approprié; dans le second cas, les feuilles qui étaient très-divergentes se rapprochent jusqu'au contact.

24. On peut reproduire ce fait autant qu'on le veut, et on peut équilibrer l'électroscope à des hauteurs différentes, de manière à ce que l'instrument donne des signes contraires à une hauteur donnée. Je suppose que l'on ait équilibré l'électroscope, la boule étant à fleur de l'ouverture *b*; si on le monte de 3 centimètres, les feuilles divergeront *vitreusement* : à cette hauteur, si l'on fait communiquer la tige avec le globe, l'électricité *vitrée* se neutralisera dans le globe, et elles tomberont à zéro. Si l'on monte l'instrument de 3 autres centimètres, les feuilles divergeront de nouveau *vitreusement*, et si l'on rétablit la communication de la tige avec le globe *résineux*, cette électricité *vitrée* s'y neutralisera comme la précédente, et la *résineuse* seule restera, repoussée à l'extrémité la plus éloignée. Si l'on baisse alors l'instrument des 3 derniers centimètres, pour le replacer dans la zone de sa seconde équilibration, et où sa divergence première a été *vitrée*, les feuilles divergent alors *résineusement*, elles donnent un signe contraire à celui de la première expérience, et où elle n'en donnait pas dans la seconde. Il en est de ce cas comme du premier; l'action répulsive du globe croissant plus vite sur l'extrémité éloignée d'une tige que l'on descend que sur l'extré-

mité inférieure, cette force repousse une partie de l'électricité qui y était agglomérée vers la partie inférieure, jusqu'à ce qu'il y ait égalité de réaction. C'est cette quantité, plus repoussée proportionnellement de la partie supérieure, qui fait diverger les feuilles *résineusement*.

25. Pour mieux comprendre la démonstration précédente, il faut diviser une portion de l'atmosphère en couches égales et superposées, ayant pour épaisseur la longueur de la tige de l'électromètre qui doit en mesurer les diverses tensions électriques. L'action de l'électricité, décroissant comme le carré de la distance, réagit plus fortement sur le bout inférieur que sur le supérieur, et l'électricité naturelle de la tige se distribue également d'une couche à l'autre.

Si l'on faisait traverser ces différentes couches par cette tige maintenue isolée et sans l'approche d'aucun corps terrestre, son électricité se distribuant, d'après la différence des réactions, sur l'une et sur l'autre extrémité, cette différence diminuerait en s'éloignant du sol. Mais d'abord, la loi du carré de la distance n'est pas applicable aux corps de grosseurs très-différentes et très-rapprochées, et, de plus, un électroscope n'est pas fait d'une simple tige isolée, il ne s'avance pas seul dans l'espace; tout au contraire, l'extrémité inférieure qui supporte les feuilles d'or, a devant elle des armatures métalliques et une platine en cuivre au-dessous, qui communiquent directement à la terre. Cette platine et ces armatures touchant le sol par des intermédiaires conducteurs, conservent toute la réaction terrestre; elle y est même accrue, comme cela a lieu autour des saillies des corps électrisés. Il en résulte que la partie inférieure de la tige isolée, est toujours soumise à toute la tension terrestre, qu'elle en subit toute la répulsion *résineuse*, tandis que la partie supérieure, n'y est soumise latéralement qu'en raison de sa distance. La répulsion terrestre restant la même pour la partie inférieure de la tige, et diminuant pour la partie supérieure, l'électricité *résineuse* est accumulée dans cette dernière extrémité, elle y est plus abondante au détriment de la partie inférieure. En comparant ces tensions au point d'équilibre, l'extrémité supérieure est *résineuse*, l'inférieure *vitrée*, et le degré de leurs tensions dépend de la différence des réactions sur les extrémités.

26. Pour la facilité de la lecture de l'électromètre, je fais l'expérience d'une manière inverse. Dans les temps chargés de vapeurs *résineuses*, lorsqu'il faut élever l'instrument d'un ou deux mètres, il ne serait pas commode, et souvent même il ne serait pas possible de lire exactement le nombre de degrés qu'indiquent les feuilles d'or ou l'aiguille de mon électromètre. A cette difficulté viennent s'ajouter celles qui dépendent du vent, de la pluie, de l'ardeur du soleil, et surtout celle qui provient de la tension électrique que prend la tête de l'observateur à l'air libre. Pour éviter ces inconvénients, c'est dans le cabinet placé au-dessous de la terrasse sur laquelle j'opère, que je dépose l'électromètre chargé, et que j'en fais la lecture.

Lorsque je veux interroger la tension électrique recueillie dans l'atmosphère, je monte sur la terrasse, je place l'instrument sur une tablette élevée de 1 mètre 50 centimètres, je l'équilibre en touchant la tige dans la partie la plus inférieure, puis je redescends, et je place l'instrument sur la tablette qui lui est destinée : tout cela se fait avec une grande rapidité, et ne demande pas huit secondes.

27. Lorsqu'on équilibre l'instrument, il faut élever le bras le moins possible, car si on l'élevait assez pour toucher au globe, la main, devenant résineuse par influence, repousserait l'électricité *résineuse* de la boule, elle y neutraliserait la portion vitrée qu'elle y attirerait, et l'instrument serait chargé *résineusement* au moment de l'éloignement de la main. Il faut donc toucher la tige le plus bas possible, et même avec un corps fin, comme un fil métallique, pour éviter l'influence de la masse de la main sur le reste de la

tige. Étant équilibré pendant son élévation, l'instrument, en le baissant, donne des signes d'électricité *résineuse*, tandis qu'en le levant, il en donnait de *vitrés*; c'est ce que nous avons démontré plus haut. Lorsqu'on opère ainsi, il faut donc se rappeler ce changement de signe pour ne pas donner une électricité contraire à l'atmosphère. On notera une tension *vitrée* lorsque l'électromètre donnera un signe *résineux* en descendant; de même on indiquera une tension *résineuse* à l'atmosphère, si l'instrument descendu dans le cabinet donne un signe *vitré*.

28. Il est encore une observation que nous ne devons pas omettre, c'est que la divergence des feuilles ou la déviation de l'aiguille de mon électromètre est moins considérable en descendant l'instrument qu'en l'élevant; la différence est très-notable, et l'on devra en constater le chiffre pour rétablir la tension directe dans la formation des tableaux qu'on voudra dresser. La cause de cette différence provient de ce que l'action du globe croît plus vite sur le bout inférieur de la tige que sur le bout supérieur, comme on peut le voir dans le tableau :

COUCHES ÉGALES et superposées.	VALEUR DÉCROISSANT comme le carré de la distance.	RAPPORT entre les superficies de chaque couche.
8	0,0156	
		1 à 1,245
7	0,0204	
		1 à 1,358
6	0,0277	
		1 à 1,444
5	0,040	
		1 à 1,560
4	0,0625	
		1 à 1,777
3	0,1111	
		1 à 2,250
2	0,2500	
		1 à 4
1	1	

La différence obtenue avec un instrument tenu à la main, est moins grande que ne l'indique le tableau; et, en effet, les armatures, communiquant au sol, conservent une action presque égale sur les feuilles d'or pendant la descente de l'instrument. Il faut faire quelques expériences préalables pour en déduire le rapport, si l'on veut en tenir compte dans les tableaux d'électricité atmosphérique. Du reste, lorsque je développerai ces principes, je donnerai des exemples de la formation de ces tableaux et des corrections à faire aux observations brutes.

On voit par ce qui précède qu'il en est dans la nature comme sous l'influence d'un corps électrisé; on n'obtient dans l'atmosphère qu'une distribution inégale d'électricité provenant de l'action résineuse de la terre. Ces expériences bien comprises, celles de Saussure et d'Ermann ne présentent plus de difficulté, on y retrouve tous les résultats d'influence électrique, et non ceux de communication et de partage.

29. Si l'on veut se renfermer dans la simplicité du fait primitif, il ne faut pas donner à la tige de l'électromètre plus de 5 décimètres; nous préférons même n'en donner que 3 ou 4; en prenant une tige plus longue, la sensibilité de l'instrument diminue. La raison en est simple : l'électricité d'influence, coercée à l'extrémité de la tige, laisse à celle de nom contraire le reste de la longueur pour s'y distribuer; plus cette tige sera longue, moins la part qui en reviendra aux feuilles d'or sera grande, et moins elles divergeront; c'est donc bien vainement qu'on prend des perches pour étudier ce phénomène, dont le maximum se manifeste avec une longueur de tige de 3 à 4 décimètres, terminée par une boule de 7 à 8 centimètres de diamètre. En se servant de mâts, de ballons ou de cerfs-volants, on n'augmente pas l'électricité d'influence dans l'électromètre, mais son rayonnement, et par suite l'électricité repoussée reste seule dans le conducteur, et devient permanente s'il est isolé, ou par son écoulement dans le sol s'il ne l'est pas,

donne un courant continu. L'emploi des perches a conduit à une autre erreur que nous devons signaler. Lorsqu'on tient l'extrémité d'un fil au bout d'une perche et qu'on l'incline sans l'élever, il peut arriver deux manifestations contraires : si l'on domine tous les corps terrestres environnants, on baisse l'extrémité de la perche en la penchant, et l'électroscope donne alors un signe *résineux*. Si, au contraire, on est près d'une portion de bâtiment, dont on éloigne le bout de fil en penchant la perche, c'est l'éloigner réellement du sol, et alors le signe est *vitré*.

CHAPITRE II.

Des vapeurs produites à une haute température.

30. Les expériences précédentes ont été faites en faisant abstraction des corps dont la présence pût compliquer le résultat; nous avons supposé qu'elles avaient eu lieu sous un ciel parfaitement serein et au milieu d'une atmosphère qui contenait peu de vapeur aqueuse. Nous devons dire maintenant quels sont les changements que les vapeurs font naître lorsqu'elles s'accroissent dans l'atmosphère.

31. Un fait a été constaté presque généralement dans l'état électrique de l'atmosphère, c'est que son influence diminue lorsque la quantité de vapeur élastique augmente; il faut lever l'électromètre beaucoup plus haut pour avoir une divergence égale à celle d'une expérience faite sous un ciel serein et sec. Suivant l'humidité de l'air, il faudra élever de 1, de 2, de 10 mètres pour obtenir un signe d'électricité qu'on obtenait facilement en l'élevant de 2 décimètres sous un ciel pur. Cette différence dans les manifestations électriques n'appartient pas aux seuls instruments mobiles. Les appareils fixes ressentent aussi l'influence des vapeurs, mais c'est pour produire un effet contraire; ils étaient complétement muets sous un ciel pur et sec; ils donnent des signes d'électricité lorsque l'air est devenu

humide, lorsque les vapeurs produites dans la journée commencent à se condenser, lorsque enfin l'air devient plus conducteur et facilite le rayonnement électrique. L'humidité de l'air pour les appareils fixes, c'est la flamme de Volta pour les électroscopes, c'est le moyen de perdre l'électricité d'influence agglomérée aux extrémités. Ces instruments seraient même très-propres à accuser la quantité d'eau contenue dans l'air si les supports conservaient leur puissance isolante, si, devenant humides, ils ne donnaient écoulement de toutes parts aux quantités électriques que laisse libres le rayonnement. Mais pourquoi la vapeur aqueuse n'est-elle pas indifférente comme l'air? pourquoi modifie-t-elle l'influence du globe? pourquoi en altère-t-elle l'énergie, quelquefois même jusqu'à changer les signes de nos instruments? C'est une question que nous allons aborder.

32. On a dit, depuis les expériences de Volta, de Laplace et de Lavoisier, en 1781, et d'après des expériences de beaucoup postérieures, que l'électricité des vapeurs provenait de la ségrégation chimique; que les vapeurs des dissolutions salines emportaient l'électricité *vitrée* et laissaient aux liquides l'électricité *résineuse*. Nous avons répété ces expériences, nous les avons analysées, et nous avons déjà fait connaître que leurs résultats sont inapplicables et contraires aux phénomènes naturels (1). L'expérience consiste, comme on sait, à faire rougir une capsule de métal (le platine est préférable) dans laquelle on verse quelques gouttes d'une dissolution saline; pendant tout le temps que le liquide reste globulisé, l'électroscope, armé ou non de plateaux condensateurs, ne donne aucun signe électrique, quoique la goutte d'eau se soit réduite de moitié; il en est de même lorsque la goutte d'eau mouille tout à coup la capsule de platine et se vaporise en masse. Dans l'un comme

---

(1) *Comptes rendus des séances de l'Académie des Sciences*, 1841, vol. XII, p. 307, et celui du 30 novembre 1840.

dans l'autre cas, il n'y a aucun signe électrique, malgré la grande quantité de vapeur qui s'élève. Entre ces deux phases du phénomène, lorsque le vase a sa température baissée entre 140 et 110 degrés, lorsque des parcelles de la goutte saturée commencent à toucher le métal, la vapeur s'y produit à une température très-élevée, elle y prend une tension de plusieurs atmosphères, elle rompt l'enveloppe aqueuse qui l'entoure et s'échappe brusquement (1). D'autres contacts forment d'autres vapeurs dont la haute tension élastique forme une suite d'explosions qui la séparent instantanément du liquide en la projetant au loin. Ce n'est que dans ce moment, ce n'est que lorsqu'il y a ces explosions continues, que l'aiguille de l'électromètre est projetée, qu'elle est déviée en raison de la température à laquelle la vapeur a été produite et des décrépitations qui en sont résultées. Avant comme après cette suite d'explosions, quelle que soit la quantité de vapeurs produites, jamais il n'y a de signes électriques, si les causes étrangères en sont écartées avec soin.

33. Ce résultat est facile à comprendre : toutes les fois qu'il y a une action chimique, soit combinaison, soit ségrégation, un phénomène électrique l'accompagne incontestablement. Nous avons dit et prouvé par des expériences, qu'il n'y a jamais de changements dans les rapports moléculaires d'un corps, sans production d'électricité, de quelque nature que soient ces changements; mais il ne suffit pas qu'un phénomène électrique soit produit, il faut que l'inégal partage qui le constitue soit conservé, que l'équilibration ne puisse se rétablir, qu'il y ait enfin un isolement, un obsta-

---

(1) Lorsque le liquide est trouble, ou qu'on l'a noirci avec une dissolution d'indigo, le contact commence à une température beaucoup plus élevée; je l'ai trouvée plusieurs fois au-dessus de 200°. Les projections sont alors si violentes qu'il est difficile de s'en garantir, et j'ai vu projeter en l'air l'aiguille de mon électromètre.

ele qui s'oppose au rétablissement de l'équilibre normal. Nous reconnaissons donc que dans toute évaporation de dissolution il y a un produit électrique ; mais, outre la séparation d'électricité, il faut qu'il y ait conservation, et cela ne se peut que si, au moment de la production, il y a un isolement complet entre les deux tensions, de manière à rendre la neutralisation en arrière impossible. Ces conditions ne peuvent exister que lorsque la vapeur est formée à une haute température ; la tension croissant avec elle, la vapeur s'échappe avec force, elle se projette au loin et laisse brusquement un grand espace qui l'isole du liquide. Mais lorsque la vapeur se forme lentement, lorsque rien ne la sépare instantanément du liquide, qu'elle s'en élève tranquillement, la recomposition électrique a lieu avant qu'il y ait un éloignement suffisant pour constituer un espace isolant; le liquide et la vapeur sont alors à l'état neutre. Voilà pourquoi on ne peut recueillir ni garder la cause du phénomène électrique à une température du vase au-dessous de 110 degrés. Guthrie, dans sa curieuse dissertation sur le climat de la Russie (1), fait une observation fort judicieuse : « MM. Volta et de Saussure, dit-il, pensent que l'électricité de l'atmosphère est due aux vapeurs qui s'élèvent du sol et qui sont positives ; mais dans nos contrées rigoureuses, la vapeur est réduite à son minimum le plus extrême, et cependant l'*air* est fortement électrique. » Nous ne relèverons pas l'erreur qui appartient à l'époque, celle d'attribuer à l'air ce qui était un produit d'influence ; mais, à cette erreur près, le raisonnement de Guthrie est sans réplique.

34. D'après ce qui précède, on comprendra facilement que dans les combinaisons comme dans les ségrégations qui

---

(1) *Trans. Soc. roy. d'Édimb.*, vol. II, p. 224.

ont lieu dans les corps organisés, il n'est pas possible que l'air ambiant prenne et conserve libre l'électricité statique qui est produite ; la conductibilité des substances environnantes ne permet pas aux tensions contraires de rester en présence sans se neutraliser, et l'on s'abuse lorsqu'on veut reporter à l'atmosphère l'électricité qu'un conducteur métallique va recueillir et conduire sur des plateaux de Volta; c'est oublier que la recomposition électrique est bien plus facile au milieu de ces substances humides que la conservation de leur isolement. Ce n'est donc ni dans l'évaporation proprement dite, ni dans les actions chimiques des assimilations et des ségrégations des corps vivants qu'il faut aller demander la cause de l'électricité des vapeurs. Il faut la demander au phénomène tel qu'il se passe dans la nature; il faut user de la puissance de la nature même sans y ajouter aucune de nos complications.

35. Ce n'est point ici le lieu de décrire les expériences qui nous ont déterminé à considérer les phénomènes électriques comme étant toujours accompagnés de matière pondérable, et à admettre avec Fusinieri que tout rayonnement ne se fait qu'au moyen du transport des molécules des corps. Nous devons cependant rappeler que tous les phénomènes électriques ne se manifestent jamais à nous sans matière; qu'il n'y a pas de phénomène statique sans corps coerçant et gardant l'électricité; qu'il n'y a pas de phénomène dynamique sans corps conducteur ; que partout où il y a un phénomène électrique, il y a un corps pondérable. La seule question qui laisse quelque doute est celle de savoir si l'étincelle est accompagnée ou non de matière terrestre, si le rayonnement électrique peut se faire sans le transport de cette matière. Ne pouvant citer actuellement toutes les expériences qui nous déterminent pour cette opinion, nous rappellerons que le rayonnement entre deux corps se fait d'autant plus facilement qu'ils sont plus volatiles, qu'il faut tenir des boules de platine plus rapprochées l'une de l'au-

tre dans le vide que des boules de zinc (1) pour avoir un courant constant de lumière, que le rayonnement se fait encore plus facilement avec le mercure, et incomparablement mieux avec l'eau. Du reste, les expériences que nous allons bientôt rapporter, et qui ne sont dépendantes que de la météorologie, seront assez évidentes pour faire admettre que dans ce phénomène, le transport de matière pondérable est constant et que le phénomène général n'existe que par lui.

36. Ce qui précède démontre que la terre est un corps chargé d'électricité *résineuse*, ou, pour s'exprimer plus logiquement, qu'elle possède la cause des phénomènes auxquels on a donné ce nom il y a plus d'un siècle. L'espace céleste n'étant point un corps matériel, ne possède pas cette puissance de coercition, il n'est pas dans le même état d'électricité *résineuse*, et c'est cet état de *résineux en moins* que l'on a nommé *vitré*. Ce n'est pas pour nous, comme nous l'avons déjà dit, un état spécial, réel, causé par une substance propre ou une modification propre, ce n'est que l'absence de l'état *résineux*, ou cet état à un moindre degré; ce n'est qu'une différence, et non un état particulier. Pour éviter les circonlocutions, nous avons conservé le mot *vitré* pour exprimer cette différence *en moins* dans la coercition *résineuse*. Plus tard nous donnerons les preuves qui nous font rejeter toutes ces dénominations, comme fautives et très-propres à retarder les progrès de la science de l'électricité.

CHAPITRE III.

De la présence des vapeurs dans l'atmosphère.

37. Nous avons vu, § 32, que les vapeurs produites sous la seule influence de l'air et de la chaleur, au-dessous de 110°,

(1) Voyez les *Annales de Chimie et d'Histoire naturelle* de Brugnatelli, t. XVIII, p. 136; le *Journal de Physique* de Pavie, 1825, page 450; 1827, p. 353 et 448; *Annales des Sciences*, 1831, p. 291 et 365; *Phil. Magaz.*, oct. 1839; *Bibl. univ. de Gen.*, 1840, t. XXV, p. 426; *Mém. de Zantedeschi*, Venise, in-4°, 1841, et les expériences de MM. Breguet et Masson, 1841.

ne possédaient pas d'électricité libre. Maintenant nous allons reprendre ces expériences, en nous plaçant dans les circonstances de la nature pour en obtenir les mêmes effets.

Deux sortes d'évaporation ont lieu dans l'atmosphère : celle qui s'opère à la surface des eaux et des terres humides; celle qui s'opère lorsque les nuages opaques repassent à l'état de vapeur élastique. Pour imiter la première, je remplis une capsule en platine d'eau distillée ou non, je la place sur un trépied thermoscopique isolé sur des gâteaux de résine, et je joins le trépied à un rhéomètre approprié; je laisse agir pendant quelque temps l'évaporation spontanée, jusqu'à ce que le rhéomètre indique une constante dans le refroidissement. Je sépare alors le rhéomètre pour isoler le trépied, et je maintiens la capsule pendant quelques minutes dans une tension résineuse un peu forte. En rétablissant ensuite la communication avec le rhéomètre, ce dernier indique un degré plus élevé que celui de l'évaporation spontanée, ce qui démontre que, pendant l'action de l'électricité résineuse, l'évaporation a été plus considérable; l'aiguille revient ensuite peu à peu au degré primitif, et complète ainsi la démonstration. Le même fait peut être constaté d'une autre manière. On place la capsule sur un corps isolant, et on suspend au-dessus d'elle un corps chargé d'électricité *vitrée;* sous l'influence de ce corps, l'eau de la capsule devient promptement *vitrée*, ce qui indique que la vapeur qui s'en élève est résineuse, qu'elle est le véhicule matériel qui porte au corps *vitré* la tension contraire où elle se neutralise. La tension *vitrée* de l'eau est si grande, qu'il faut ne l'interroger qu'avec un plan d'épreuve, car si l'on mettait l'électroscope en contact immédiat, les feuilles d'or pourraient en être déchirées.

38. Dans ces derniers temps, j'ai fait un hygromètre électrique fondé sur la proportionnalité qu'il y a entre les pertes électriques et la quantité de vapeurs contenues dans l'atmosphère : j'en donnerai la description ailleurs. Je dois

dire seulement, pour comprendre l'expérience que je veux rappeler, que cet instrument n'est rien autre chose que mon électromètre à aiguille, surmonté d'une houppe métallique à laquelle on donne une charge constante d'électricité. J'ai exposé cet hygromètre en plein air, sur un lieu très-élevé; l'hygromètre de Saussure marquait 75°, des vapeurs troublaient l'aspect du ciel, et il fallait élever l'électromètre de 1 mètre pour avoir une divergence qu'on obtenait en l'élevant de 2 décimètres sous un ciel plus pur. Il fallut à l'hygromètre 30′ pour qu'il perdît la quantité d'électricité nécessaire pour le ramener de 60 à 50°, quoiqu'il fût surmonté d'une grosse houppe de fils de cuivre très-fins. En humectant cette houppe, ou en la recouvrant d'un linge mouillé, il ne lui fallut plus que 10′ pour donner écoulement à la même quantité. Une autre fois, la température et l'hygromètre de Saussure étant aux mêmes degrés que dans l'expérience précédente, mais l'électromètre indiquant des vapeurs *très-résineuses* dans l'air, l'aiguille de l'instrument, au lieu de marcher vers 0, augmenta sa déviation de plusieurs degrés; enfin, dans une autre expérience faite au milieu d'un brouillard fortement *vitré*, l'aiguille descendit avec rapidité jusqu'à 0.

39. Les vapeurs produites à la surface du globe, sous un ciel serein, sont nécessairement *résineuses*, puisqu'elles sont formées à la surface d'un corps qui possède une grande tension *résineuse*, et en présence de l'espace céleste qui ne la possède pas. Ces vapeurs gardent cette tension pendant tout le temps qu'elles nagent dans l'atmosphère, et qu'elles sont isolées des corps moins *résineux* qu'elles, ou de conducteurs au sol. Elles s'élèvent aussi à une hauteur supérieure à celle qui est en rapport avec leur pesanteur, et elles ne s'arrêtent qu'au point où leur légèreté spécifique, augmentée de la répulsion électrique du globe, fait équilibre à la gravitation. Les vapeurs *résineuses* se maintiennent plus élevées que les vapeurs neutres, et plus encore que

celles qui sont à l'état *vitré*. La répulsion réciproque que les particules de vapeur *résineuse* exercent les unes sur les autres comme corps électriques isolés, étant augmentée par celle du globe terrestre, elles sont plus éloignées les unes des autres; elles sont plus dilatées enfin que ne le comporte le seul état de vapeur élastique; elles pèsent moins sur les autres corps, et nous verrons, dans un autre Mémoire, que c'est à ces différences électriques des vapeurs que sont dues les oscillations horaires et accidentelles du baromètre.

40. Le premier effet d'un tel état atmosphérique est de nous placer au centre d'une influence homogène *résineuse* vers la terre, *résineuse* vers les vapeurs qui nous dominent; et nos instruments, qui n'indiquent que des différences, se trouvant plongés dans une enceinte uniforme, obéissent d'autant moins à la tension *résineuse* de la terre que l'atmosphère contient plus de cette vapeur primitive. L'indication de l'électroscope diminuera donc dans le courant de la journée, proportionnellement à la quantité de vapeurs qui s'est dégagée sous les tensions contraires de la terre et de l'espace, et la marche de l'instrument, si d'autres causes ne venaient s'ajouter à ce premier fait, servirait d'indication hygrométrique. M. de Humboldt dit, dans le *Tableau physique des régions équinoxiales*, in-4°, 1807, p. 100 : « Dans les basses régions équinoxiales, depuis la mer jusqu'à 200 mètres, les couches inférieures de l'air sont peu chargées d'électricité; on a de la peine à trouver des signes après 10 heures du matin, même avec l'électromètre de Bennet. Tout le fluide paraît accumulé dans les nuages, ce qui cause de fréquentes explosions électriques, qui sont périodiques, généralement deux heures après la culmination du soleil, au maximum de la chaleur, et quand les marées barométriques sont près de leur minimum. Dans les vallées des grandes rivières, par exemple dans celles de la Madeleine, du Rio-Negro et du Cassiquiaré, les orages sont constam-

ment vers minuit. Entre les 1800 et 2000 mètres, est la hauteur où, dans les Andes, les explosions électriques sont les plus fortes et les plus bruyantes. Les vallées de Caloto et de Popayan sont connues par la fréquence effrayante de ces phénomènes.» Nous citons ce passage pour montrer que dans les régions où les phénomènes électriques sont les plus considérables et les plus nombreux, l'électromètre n'indique rien; mais on comprendra maintenant que ce silence provient de ce que, dans ces régions, il est toujours placé au centre d'une sphère de vapeurs *résineuses*, que la haute température produit chaque jour.

41. Lorsque l'atmosphère est ainsi chargée de vapeurs *résineuses*, on conçoit qu'en s'élevant au-dessus du sol on dégage l'instrument, et que l'opposition de tension doit reparaître, l'influence inférieure reprend sa supériorité *résineuse*, et l'influence supérieure la perd et devient *vitrée*, par opposition. Dans les expériences atmosphériques, la quantité de décimètres ou de mètres qu'il faut élever un électromètre pour avoir une divergence égale, est la mesure des vapeurs résineuses existantes dans l'atmosphère supérieure, et si, dans un temps très-sec, l'élévation de l'électromètre de 1 décimètre suffit pour obtenir une divergence de 5 degrés, et qu'il faille, un autre jour, élever le même instrument de 16 décimètres pour obtenir la même divergence, c'est que l'atmosphère supérieure contient quatre fois plus de cette vapeur électrique. L'influence vitrée de l'espace décroît comme le carré des influences résineuses, qui s'interposent entre nos instruments et lui.

42. L'indication des électromètres dépendant du point de leur équilibration et de la pureté de l'atmosphère, il serait nécessaire de fixer la place de ce point d'équilibre, et d'arrêter une fois pour toutes le moment qu'on devra prendre pour le maximum de tension résineuse du globe. Pour avoir la mesure absolue de la tension terrestre, il faudrait une absence complète de vapeur *résineuse*, c'est-à-dire

qu'il faudrait remonter jusqu'au pôle même, lorsque toutes les vapeurs ont disparu, et mesurer, au solstice d'hiver, la divergence d'un électromètre normal que l'on élèverait de 1 décimètre. Si l'on possédait une expérience ainsi faite, on réglerait tous les autres électromètres sur cet électromètre normal, comme on règle les baromètres sur un baromètre normal. Ce moyen n'étant pas praticable, il faut choisir celui qui l'est le plus pour chaque climat. Ainsi en Russie, à Casan, par exemple, on pourrait prendre un froid de —25° centigr. durant depuis vingt jours; on pourrait prendre à Berlin un froid de 15° centigrades de la même durée. A Paris, il faudrait profiter d'un hiver qui donnerait dix jours de suite un froid de 10° centigrades par un vent d'est. Les froids rigoureux et longs sont trop rares à Paris pour servir de point de départ; il vaut mieux prendre un froid moindre, mais qui se reproduit plus souvent, sauf à comparer les électromètres avec ceux de Berlin, de Saint-Pétersbourg ou de Casan. On conçoit que plus la température sera basse, moins il y aura de vapeur interposée, et plus on sera près de la mesure de la tension absolue de la terre.

43. Pendant tous ces changements réglés et successifs, les appareils fixes n'indiquent rien, ils ont toujours le temps de se mettre en équilibre. Ces instruments ne parlent que lorsque leur longueur est considérable, que lorsque l'électricité d'influence rayonnant par une surface étendue et à grande courbure, comme sont les fils métalliques, ne laisse dans l'instrument que l'électricité repoussée. Lorsque le fil explorateur est très-long, le rayonnement suffit alors pour produire un courant continu et faire parler les rhéoscopes. Ces instruments, comme les électromètres statiques, n'indiquant que des différences, le courant diminuera aussi en raison des vapeurs *résineuses* que contiendra l'atmosphère dans laquelle il est plongé, et il faudra, par une plus grande élévation, le faire sortir de cette enveloppe ho-

mogène sous le rapport électrique. Il est une autre cause d'indication électrique dont on ne paraît pas assez se défier, c'est l'action chimique de vapeurs sur le fil ou les tiges oxydables qui composent ces appareils. Une barre de fer comme celle d'un paratonnerre, donne un courant chimique continu; un fil de cuivre humide de 20 à 30 mètres, en donne un également. Ces courants sont toujours négatifs de haut en bas, et ils croissent comme l'humidité qui les atteint.

Une autre cause d'erreur est celle qui provient des métaux qui entrent dans la construction du bâtiment. Lorsque les murs et les supports sont un peu humides et qu'ils sont devenus conducteurs, l'oxydation qu'éprouvent ces métaux fournit un courant chimique au conducteur voisin qui le transporte au sol, et il est alors difficile de dire quel sera le sens d'un courant: il dépendra du voisinage mouillé auquel les supports sont attachés. De trois appareils électriques que je possède, il y en a un qui donne constamment un courant chimique, parce qu'il est formé d'une barre de fer et d'une gironette en zinc peinte à l'huile; dans les temps humides, l'aiguille du rhéomètre monte jusqu'à 80°, sans qu'il y ait aucune action électrique de l'atmosphère. Il faut donc bien se garder d'enregistrer de tels résultats comme des produits atmosphériques. Pour plus de sécurité, il ne faut exposer à l'air qu'une houppe de fils de platine, et couvrir le fil conducteur de soie enduite d'un vernis gras, et l'isoler le mieux possible; avec ces précautions, la hauteur de nos monuments ne suffit plus pour obtenir un courant électrique sous un ciel serein, courant qui est toujours résineux de bas en haut dans ces circonstances.

44. Lorsque, par le refroidissement, ces vapeurs *résineuses* se sont condensées et ont formé des nuages opaques, elles ont conservé la quantité d'électricité qu'elles possédaient; mais cette électricité n'est plus disséminée avec l'uniformité primitive qu'elle a dans la vapeur élastique,

qui est éloignée de son point de saturation. Les molécules rassemblées alors en petites sphères ou *vésicules* ne conservent plus l'intégralité de leur tension électrique ; dans ce nouvel état elles possèdent une meilleure conduction, et l'électricité s'y distribue différemment ; leur agglomération en petites masses ou flocons nuageux leur donne la périphérie d'un corps, tout en conservant l'individualité des parties constituantes. Il y a donc deux distributions parfaitement distinctes dans les vapeurs opaques, l'électricité qui se porte à la surface des masses, comme elle se porte à la surface des corps ; puis celle qui est retenue autour des particules *vésiculaires*, assez isolées les unes des autres pour garder encore une portion de leur tension électrique primitive. Il résulte de cette meilleure conductibilité, que par l'influence résineuse de la terre, le côté inférieur du nuage sera moins chargé de cette même électricité, le côté supérieur en sera plus chargé, et nos instruments parleront mieux sous un nuage opaque que lorsqu'ils étaient renfermés dans la vapeur élastique qui a servi à le former. En raison de son importance, nous insistons et nous revenons sur cette première modification des vapeurs élastiques ; d'abord toutes sont également *résineuses*, et nos instruments, plongés dans leur enceinte, diminuent de plus en plus leur manifestation électrique. Par suite de leur transformation en vapeur opaque, dite vésiculaire, elles se rapprochent des corps conducteurs en formant des masses ; une partie de leur électricité est coercée à la périphérie, l'autre reste coercée autour de chaque *vésicule*. Par l'influence de la terre, la portion extérieure de cette électricité est repoussée vers la partie supérieure et rend la partie inférieure moins *résineuse*, ce qui donne à nos instruments la possibilité de manifester une différence de tension électrique. C'est dans ces changements de conductibilité et de distribution électrique qu'il faut chercher la marche inconstante de nos appareils atmosphériques. Lorsque nous appliquerons ces principes à l'ensemble des météores aqueux, on verra, avec l'aide du baromètre dont la marche sera alors mieux appréciée, que l'on peut en suivre les transformations avec facilité et en rendre la prévision plus abordable.

45. Lorsqu'une nouvelle élévation de température fait repasser ce nuage à l'état de vapeur élastique, les vapeurs supérieures qui s'élèvent sont plus chargées d'électricité *résineuse* que celles qui ont été formées primitivement; en effet, la position intermédiaire du nuage entre le sol et l'espace céleste est très-propre à la distribution inégale de l'électricité *résineuse*, la partie supérieure possède une plus haute tension que la portion inférieure, puisque son électricité *résineuse* est repoussée par l'influence terrestre. Les dernières vapeurs produites seront conséquemment dans un état moins *résineux* que les premières, elles seront *vitrées* par rapport à elles. De cette nouvelle évaporation il résulte des masses de vapeurs élastiques à différentes tensions électriques, les masses supérieures sont plus *résineuses*, les inférieures moins *résineuses*, c'est-à-dire qu'il y a des nuages transparents différemment chargés d'électricité et nageant dans l'atmosphère à des hauteurs diverses. Lorsqu'un abaissement de température condense ces vapeurs transparentes, les masses supérieures forment des nuages *résineux*, les masses inférieures en forment de *vitrés*: les supérieurs, repoussés par la terre, se tiennent à une plus grande élévation que ne le comporte leur pesanteur spécifique; les inférieurs descendent plus bas que ne le veut cette même pesanteur, rapprochés qu'ils sont par l'attraction du globe. Enfin, lorsqu'ils sont superposés, ils s'attirent entre eux, et comme toutes les portions de ces masses sont mobiles et conservent une partie de leur indépendance, leur position et leur forme varient sans cesse, et, suivant la résultante de ces différentes forces en présence, les phénomènes s'accomplissent dans une perpétuelle inconstance.

46. Cette transformation des vapeurs élastiques en va-

peurs opaques et des vapeurs opaques en vapeurs élastiques, se reproduit un très-grand nombre de fois, suivant les circonstances atmosphériques de température, de vent et d'humidité. Ces nuages secondaires, *résineux* dans les régions supérieures et *vitrés* dans les régions inférieures, repassant à l'état de vapeur élastique sous les mêmes influences *vitrées* en haut, *résineuses* en bas, forment des nuages très-chargés d'électricité; la tension *résineuse* des nuages supérieurs en devient plus grande à mesure qu'ils s'élèvent dans l'atmosphère et sont poussés par la répulsion terrestre au-delà du point qui leur est assigné par la gravitation. Ces masses de vapeurs, qui passent une troisième fois à l'état élastique sous les influences contraires de la terre et de l'espace, les premières devenant toujours plus *résineuses*, les autres moins *résineuses*, se reconstituent en nuages opaques au premier refroidissement, pour reproduire la même suite de phénomènes par une succession de condensations et d'évaporations. Les nouveaux produits se chargeant plus énergiquement, si l'on suit une même masse de vapeurs dans la série des nombreuses transformations qui ont lieu pendant une grande partie de l'année, comme celles des *cumuli* pendant la chaleur du jour, pour se reformer pendant la fraîcheur des nuits; ou bien encore, si l'on suit les *cumuli* formés des vapeurs de la journée, et qui vont se dissoudre dans les couches d'air sec du haut de l'atmosphère, on verra que les quantités pondérales doivent diminuer dans cette succession de transformations, que la vapeur se raréfie en s'élevant, dans le même temps qu'elle se charge plus puissamment d'électricité *résineuse*; que chaque transformation en laisse en arrière une quantité qui a reçu en dépôt l'électricité repoussée par l'influence supérieure, et que les portions ascendantes ont une tension qui croît avec le nombre des transformations, tension qu'elles gardent à cause de leur parfait isolement, et dont l'énergie électrique s'augmente jusqu'à une puissance que rien ne peut reproduire ici-bas, trop entouré d'air humide et de corps terrestres influents et conducteurs.

47. Il est des jours très-propices pour faire ces observations, c'est lorsque le ciel est parsemé de petits *cumuli* assez minces pour distinguer leurs mouvements intestins. En examinant et suivant attentivement ce qui s'y passe, voici ce qu'on observe. Indépendamment du mouvement total de translation de toute la masse, chaque partie du nuage change de position par rapport aux autres parties, pendant que l'évaporation s'accomplit : ces mouvements sont d'autant plus étendus, que l'évaporation marche plus vite ; mais ils ne sont pas les mêmes dans toute la masse. Vers le bord qui reçoit les rayons directs du soleil, l'évaporation y étant plus grande, les dernières vapeurs opaques deviennent fortement *vitrées*, et on les voit descendre vers la terre, passer au-dessous de la masse même du nuage et s'y maintenir, tandis que sur le côté opposé la vapeur s'étend, s'éparpille jusqu'à ce que tout soit transformé en vapeur élastique, mais sans cette grande agitation ni cette vive répulsion de haut en bas. Lorsque, par une disposition particulière dans la partie supérieure du nuage, les rayons solaires sont reçus et absorbés facilement, et qu'il en résulte une prompte évaporation, on voit au-dessous du *cumulus* sortir une éruption vaporeuse qui s'étend au devant de la masse. Ces dernières portions ne se vaporisent pas aussi vite que les premières, et si l'on compare la rapidité avec laquelle le *cumulus* diminuait d'abord, avec celle des dernières portions minces et à demi transparentes, on reconnaît aussitôt toute l'influence de l'électricité *vitrée* de ces dernières, qui, loin d'aider la température pour vaporiser ces flocons, s'y oppose par la répulsion des tensions semblables.

48. On peut produire l'image d'une de ces transformations et juger, par le résultat qu'on obtient, de la puissante tension que les nuages isolés peuvent acquérir, lorsque les vapeurs qui les constituent en ont subi plusieurs. Un verre

de montre *a*, ou une capsule en verre, est percée au fond d'un petit trou qu'un fil de cuivre *b* traverse; ce fil de cuivre est soudé à un support de même métal *c* qui repose sur des gâteaux de résine *dd*. Dans cette capsule on verse de l'eau saturée de savon, et avec une pipette très-fine on produit un gros nuage *ee* formé de très-petites bulles qui s'élèvent et se maintiennent au-dessus de la capsule; à quelque distance du nuage de bulles de savon est suspendue une boule de cuivre isolée *f*, qui communique à une machine électrique. Lorsqu'on tourne la machine, on voit les bulles extrêmes s'évanouir en s'élançant vers la boule *vitrée*, et le reste du nuage devient puissamment *vitré* lui-même, ce qui indique que toutes les parties qui s'élançaient et se dissolvaient étaient résineuses. On pourrait prendre une capsule seule, sans support métallique; mais la tension du reste du nuage s'accroît beaucoup moins, ou il faudrait le faire d'une très-grande dimension, afin que l'électricité *vitrée* fût assez éloignée pour ne pas retarder le rayonnement *résineux* vers l'espace. Lorsque le nuage est petit et lorsque l'on ne donne pas un moyen à la tension *vitrée* de s'éloigner de la portion en regard du corps électrisé, on n'a qu'un résultat faible, tandis qu'avec ce pied en cuivre qui facilite cette séparation et remplace la grosseur du nuage, un seul tour de la roue de la machine est plus qu'il ne faut pour donner au reste une tension propre à déchirer les feuilles d'or d'un électroscope qu'on mettrait en contact immédiat.

49. Enfin, pour ne laisser aucun doute sur l'influence du globe et de l'espace, il faut répéter une expérience analogue pendant des jours très-chauds, très-purs et les plus secs possibles, comme ceux qui ont régné du 10 au 19 septembre de l'année 1841. On place un disque isolé à l'air libre et communiquant à un électromètre, on le place le plus dégagé qu'on le peut de toute influence latérale des bâtiments, on remplit une petite pompe d'eau distillée ou

non, ce qui n'influe en aucune manière sur le résultat, et on lance un petit filet d'eau verticalement, de manière qu'il retombe en gouttelettes sur le disque isolé. Dans des jours favorables comme ceux que je viens de citer, il suffit du peu de temps que l'eau met à parcourir la courbe de sa projection pour qu'elle retombe chargée d'électricité vitrée. Si l'atmosphère est moins chaude, si l'évaporation est moins rapide, il est rare que ce temps suffise pour donner à l'eau la tension nécessaire. Il faut le concours d'une prompte vaporisation, sous l'influence du sol et de l'espace, pour qu'un temps si court suffise à cette production électrique. Il est évident que, puisque l'eau retombe *vitrée*, c'est que la vapeur qu'elle a fournie était *résineuse*, quoi qu'en ait dit M. Belli (1). Ce n'est point l'atmosphère qui fournit cette électricité, car si l'on fait parcourir le même arc à la tige supérieure d'un électromètre, l'aiguille reviendra à o après s'être déviée pendant l'élévation de la pointe. Dans un jour très-propice, la plaque mouillée suffit au phénomène; l'électroscope donne une légère indication vitrée. Des causes secondaires, telles que l'oxydation qui rend la plaque *résineuse* et l'imperfection de l'isolement pendant l'évaporation, ne permettent pas une manifestation aussi grande que lorsque les gouttes d'eau tombent tout-à-coup avec leurs charges électriques, mais l'une et l'autre expérience ne peuvent laisser aucun doute sur la cause de l'électricité des vapeurs de l'atmosphère.

50. Il y a une différence notable entre les résultats de la nature et ceux de nos expériences, principalement dans la suite des transformations que nous avons rapportées. Dans la nature, l'espace supérieur vide n'est point un corps, les vapeurs électriques ne vont pas se neutraliser à son contact, elles s'y répandent en gardant toute leur électricité, jusqu'à

---

(1) *Bibl. univ.*, 1836, t. VI, 148.

ce que l'attraction supérieure soit contrebalancée par leur gravité ; l'espace n'est donc pas un réceptacle d'électricité *vitrée*, puisqu'il conserve à la vapeur sa haute tension *résineuse;* il n'est que privé d'une action semblable à celle du globe. Il en est autrement des dernières vapeurs opaques qui passent à l'état élastique et qui sont *vitrées :* si elles ne viennent pas au contact de la terre s'y neutraliser, c'est que leur légèreté spécifique l'emporte sur l'attraction terrestre ; mais lorsqu'elles peuvent s'approcher du sol ou des arbres, elles s'y déchargent et s'y neutralisent complétement ; elles ne gardent plus rien de la tension *vitrée* qu'elles possédaient. On voit que dans ces transformations produites par l'élévation et l'abaissement de température de chaque jour, les vapeurs se divisent de plus en plus en masses électrisées à des degrés différents ; que les plus élevées dans l'atmosphère sont les plus *résineuses* et possèdent la tension la plus grande ; que leur élévation au delà du point assigné par leur pesanteur croît comme le carré de cette tension, soit que l'on considère la répulsion terrestre seule, soit qu'on la considère réunie avec l'attraction supérieure de l'espace.

51. Parmi les nuages intermédiaires, il y en aura de moins *résineux* que le globe : ceux-là seront attirés par la terre et s'en rapprocheront ; il y en aura d'aussi *résineux* que lui : ceux-là n'obéiront qu'à leur pesanteur spécifique ; enfin, il y a ceux qui sont plus *résineux* que le globe, et ceux-là en sont repoussés. Cette répulsion, jointe à la diminution de la gravité moléculaire, les emporte bien au delà des limites qu'ils auraient atteintes, sans cette suite d'influences électriques à mesure des transformations qu'ils subissent.

52. Les vapeurs élastiques répandues dans l'atmosphère ne peuvent suivre les lois ordinaires de leurs forces répulsives ; soumises à l'élément électrique, elles ne sont pas disséminées régulièrement ; l'inégalité de répulsion, suivant que plus ou moins d'électricité aura pu se coercer dans diverses parties,

groupera les vapeurs en petites masses, que l'on nomme flocons, dans les vapeurs opaques. A l'état de vapeur transparente, les molécules, plus écartées les unes des autres, plus isolées, plus indépendantes, retiennent une plus grande tension électrique propre; toutes sont enveloppées d'une atmosphère électrique plus étendue qui agit pour son propre compte. La faible conductibilité de la masse ne permet pas aux molécules extrêmes d'avoir la supériorité que prennent les vapeurs opaques; la masse, comme corps, ne peut avoir qu'une atmosphère électrique assez faible qui augmente avec leur densité. Pour retrouver ces masses distinctes de vapeurs élastiques, formant des nuages transparents, portant dans leur sein une tension électrique différente que les masses voisines, il faut enlever des cerfs-volants ou des ballons captifs, les faire monter assez haut pour atteindre la région des couches *résineuses*.

53. Dans les temps secs et bien purs, il est très-rare qu'on puisse rencontrer des masses assez puissamment chargées, pour que leur action sur le fil métallique du cerf-volant, détruise d'abord l'effet de la masse inférieure, et puisse donner ensuite un résultat en plus; souvent on ne soupçonne la présence d'une nue transparente *résineuse*, qu'en voyant diminuer le courant *vitré*, et le voyant reprendre, après quelques moments d'affaiblissement, sa première intensité; mais, dans les temps un peu humides, il arrive parfois que les masses supérieures se sont abaissées, qu'elles nagent dans des régions accessibles à nos cerfs-volants. J'ai retrouvé plusieurs fois de ces masses résineuses assez puissantes, pour neutraliser d'abord tout le courant vitré que le rayonnement a produit dans les couches inférieures, puis pour donner un courant *résineux* de 20 à 30 degrés. A certaines époques, après une suite de jours chauds, qui a reproduit une succession de transformations opaques et élastiques, comme cela a lieu vers l'automne, et comme cela a eu lieu après les chaleurs du mois de mai de l'année 1841, on

retrouve ces nuages résineux transparents plus près de la surface du sol, et à peine les vapeurs se sont-elles légèrement condensées en quelques *strati* opalins, que déjà l'influence résineuse se fait sentir sur la surface même du sol, et renverse le signe de l'électroscope. Les orages qui proviennent de ces nues résineuses sont toujours plus fâcheux pour notre organisation que les autres orages; nous sommes chargés d'électricité vitrée appelée par influence, et nous la rayonnons par toutes nos extrémités; tandis que dans l'état normal, c'est l'électricité résineuse qui est appelée vers la tête et vers les membres que nous levons; ils se chargent d'une quantité d'électricité d'influence suffisante pour faire diverger l'électroscope qu'on approche.

54. La demi-conductibilité des nuages leur donne des atmosphères distinctes : une extérieure et un grand nombre d'autres intérieures. Toutes agissent à distance comme tension statique; mais, à cause même de leur demi-conductibilité, toutes ces tensions ne peuvent se réunir à la fois dans un écoulement. Lorsque l'atmosphère électrique extérieure s'est écoulée par une décharge instantanée, toutes les petites masses ou flocons de vapeurs qui ont leurs atmosphères propres ne peuvent rendre que peu à peu à la périphérie ce qu'elle a perdu; de même, l'atmosphère électrique des flocons, étant diminuée, ne peut se reformer que peu à peu au moyen d'un nouvel écoulement provenant des particules isolées qui ont conservé une partie de leur atmosphère électrique. Les appareils fixes et très-élevés sont très-propres pour manifester les échanges partiels qui suivent la décharge extérieure du nuage, principalement l'électroscope à feuilles d'or, instrument beaucoup plus sensible que les rhéomètres. On voit les feuilles sauter, s'ouvrir, se fermer brusquement ou frapper les armatures, sans entendre aucune explosion : ce n'est qu'à la suite d'un certain nombre de ces décharges partielles qu'arrive la décharge de la périphérie, après laquelle les échanges de l'intérieur recommencent.

55. Il reste beaucoup à découvrir sur la distribution de l'électricité dans les vapeurs, et principalement dans le rôle qu'elle joue dans leur condensation, dans leur agglomération et dans leur groupement. Nous nous éloignerions trop des limites d'un Mémoire si nous entrions dans ce sujet, nous le réservons pour un autre travail; nous dirons seulement que nous avons toujours observé que les nuages fortement chargés d'électricité *résineuse* ont une couleur d'un bleu plombé, tandis que ceux qui sont fortement *vitrés* sont blancs et propres à refléter le rouge. Lorsqu'on voit un nuage d'un bleu de plomb en tête et gris en queue, on est certain de trouver des signes *résineux* en avant et *vitrés* en arrière, distribution qui lui est imposée par l'influence d'un amas de nuages *vitrés* qui le précèdent. Les flocons répandus dans l'atmosphère qui se colorent en rouge orangé possèdent une grande tension *vitrée*. Si cet état se présente après des jours pluvieux, c'est un signe d'amélioration, c'est un signe que les vapeurs sont moins près de l'opacité qui précède leur résolution en pluie. C'est le contraire à la suite des beaux jours : cette teinte des vapeurs est un signe de dégénérescence et un commencement de condensation. On sait que plusieurs physiciens admettent un état intermédiaire entre la vapeur élastique pure et la vapeur opaque ; parmi ceux qui partagent cette opinion, nous citerons M. le comte de Maistre (1) et M. le professeur Forbes, d'Édimbourg (2).

56. Lorsqu'on aura bien compris la série des transformations vaporeuses sous l'influence de la température et de l'électricité du globe, lorsqu'on aura vu avec quelle facilité les nuages opaques passent à l'état de nuages transparents, *et vice versa*, toujours en présence de la terre puissamment chargée d'électricité *résineuse* et de l'espace céleste ne

---

(1) *Bibl. univ. Genève*, 1832, vol. LI.

(2) *Phil. mag.*, 1834, vol. XIV, p. 419, et vol. XV, p. 25.

possédant pas la même tension ; lorsqu'on aura fait une seule expérience pour s'assurer avec quelle promptitude la vapeur se produit sous l'influence électrique, alors seulement on comprendra les divers phénomènes qui peuvent résulter de ces masses de vapeurs opaques ou transparentes, chargées toutes à différents degrés d'électricité *résineuse* : les unes possédant des tensions énormes, les autres en possédant de moindres, toutes tendant à s'équilibrer et ne trouvant d'obstacles que dans les distances maintenues par la différence de leur pesanteur. On comprendra que lorsque les nuages supérieurs, transparents ou opaques, descendent vers la terre avec leur puissante tension, ils doivent produire de grandes perturbations atmosphériques, par suite, des attractions et des répulsions énergiques. Lorsqu'on joindra à ces phénomènes ceux de la température qui condensent ou dilatent ces masses, qui les rapprochent ou les écartent, suivant leurs densités propres, on comprendra que des phénomènes électriques peuvent être reproduits à des hauteurs très-diverses, entre ces masses transparentes ou opaques, phénomènes qui varieront avec la conduction des vapeurs; les unes produisant des décharges instantanées, les autres des échanges de quelque durée, suivant la masse d'électricité de la périphérie et la conductibilité intérieure; ce n'est que lorsqu'on aura suivi le développement de ces transformations, qu'on leur aura appliqué les lois des influences électriques connues et celles résultant des changements dans la température, que l'on aura des notions sur les phénomènes ignés qu'on aperçoit à des hauteurs si diverses et sous des aspects atmosphériques si différents. Nous reviendrons, dans des Mémoires successifs, sur les sujets que nous venons d'indiquer ; nous les suivrons avec détails, en nous appuyant sur des faits nombreux et sur des expériences positives.

57. Les pluies comme les orages qui suivent ces évaporations sont pour nous de deux sortes, suivant la posi-

tion des nuages : la première est celle qui provient de la condensation des vapeurs inférieures devenues *vitrées* par suite des évaporations successives. Ces vapeurs opaques, attirées par le globe terrestre, forment une couche de brouillard roussâtre, possédant une tension vitrée très-puissante. En s'approchant du sol ces vapeurs perdent peu à peu cette grande tension électrique, soit par rayonnement, soit au contact des corps terrestres sur lesquels elles se déposent sous forme de rosée (1). Si elles sont massées en nuages distincts, elles forment des orages *vitrés* inférieurement, qui se déchargent sur le sol par la foudre ou par de soudaines perturbations locales de l'atmosphère ; à la suite de ces décharges, la pluie tombe pendant quelques instants, quelquefois pendant plusieurs heures, puis le calme reparaît. Ces sortes d'orages sont peu communs et n'ont jamais une grande intensité, ni la pluie une longue durée. La proximité du sol, la densité de l'air et des vapeurs élastiques des couches inférieures, l'agitation de l'air qui sert d'intermédiaire, tout se réunit pour diminuer peu à peu leur tension *vitrée*, ce qui n'a pas lieu pour la seconde espèce d'orage. De plus, les orages *vitrés* n'impressionnent pas désagréablement les corps organisés, ils exagèrent leur état normal ; la tête de l'homme, la cime des plantes, sont plus *résineuses* par influence, mais enfin elles possèdent un état électrique du même ordre que l'état naturel. Après cette perturbation locale, il arrive très-souvent que le beau temps se rétablit jusqu'à ce qu'une surcharge des vapeurs inférieures recommence la même série de phénomènes.

58. Il n'en est pas de même lorsque la résolution des vapeurs est de la seconde sorte, et principalement lorsque ce sont les nuages supérieurs qui se sont abaissés par suite de leur condensation. Les orages que déterminent cet abaisse-

(1) Voyez les observations d'Achard dans les *Nouv. Mém. de l'Acad. roy. de Berlin*, 1780, p. 14 à 23. Il a entrevu une partie de ces faits.

ment des vapeurs supérieures sont toujours très-violents, les pluies sont considérables et souvent de longue durée. Ce n'est plus seulement la couche inférieure, c'est une masse plus ou moins épaisse de vapeurs condensées, descendant des hautes régions, qui se résout en pluie après s'être déchargée de leur puissante tension *résineuse*, soit par les brusques agitations de l'air, soit par la foudre entre les nuages de tensions opposées ou avec le sol. Sous ces orages, le vent est toujours plus violent, plus brusque, plus capricieux que sous les orages vitrés. Après ces décharges, il survient des averses considérables, et très-souvent le temps reste pluvieux jusqu'à ce que l'atmosphère ait perdu sa surabondance de vapeurs, ou que des vents favorables aient porté dans d'autres régions les longues pluies qui suivent l'abaissement des vapeurs supérieures. Pendant ces orages, les êtres organisés ont leur cime dans un état *vitré*, c'est-à-dire au-dessous de l'état normal; cet état, contraire à celui qui nous est naturel, occasionne un malaise très-difficile à définir, et produit des effets fâcheux sur les tempéraments nerveux et sanguins. Dans l'état naturel, ou même lorsqu'il est *résineux* avec exagération, les extrémités supérieures rayonnent leur électricité d'influence, elles forment le pôle *résineux* d'un courant, tandis que, dans l'état contraire, elles en forment le pôle *vitré*. Enfin, si les vapeurs possèdent une haute tension électrique, si elles sont suffisamment rapprochées des plantes pour que l'échange se fasse avec le sol par leur intermédiaire, l'évaporation peut y être accélérée jusqu'à détruire la végétation et roussir les feuilles, comme on le voit à la suite des trombes, des coups de foudre, et même des brouillards secs et roux (1). Il se forme aussi très-souvent des orages *résineux* dans la couche inférieure de l'atmosphère, mais ce sujet est trop étendu pour

(1) *Observations et recherches expérimentales sur les trombes*, § 168 et 178 et page 154.

être traité ici incidemment, nous le réservons pour un travail spécial.

59. Voulant me restreindre dans ce premier Mémoire à l'indication des moyens propres à constater l'influence *résineuse* du globe et ses effets les plus immédiats, j'ai dû passer sous silence les phénomènes qui reconnaissent pour cause les progrès de la température, ceux-là qui sont toujours réguliers et qui ne se manifestent jamais par de brusques écarts. Les alizés, les moussons et les brises sont des témoins de cette régularité de progrès ascendants et descendants. Les vents brusques, instantanés sont des produits de rupture d'équilibre électrique; c'est la prompte attraction et la prompte répulsion de l'air qui cause ces agitations soudaines, servant d'intermédiaires entre les nuages et le sol, pour neutraliser leurs tensions électriques : elles produisent ces bourrasques, ces gyrations aériennes que nous avons décrites dans notre *Traité des Trombes* (1). Dans le *Traité de Météorologie* que je prépare, je réunirai les preuves des faits que j'avance dans ce Mémoire; cependant, ce qui précède pourra faire connaître combien cette nouvelle voie facilite l'interprétation de beaucoup de phénomènes aqueux et ignés inexpliqués jusqu'à présent.

Résumé.

60. 1°. La matière pondérable seule a la puissance de coercer la cause des phénomènes électriques; le phénomène que produit cette coercition est celui qu'on a nommé improprement *électricité résineuse*, et plus improprement encore *électricité négative*. (§ 4 à 36.)

2°. L'espace pur, privé de matière pondérable, ne coerçant pas cette cause d'une manière spéciale, ne peut réagir avec une force égale contre une action *résineuse*; cette négation de réaction *résineuse* se nomme *électricité vitrée*, ou plus improprement encore *électricité positive*. (§ 36.)

(1) Chapitre II, 1re partie, p. 67.

3°. La terre, comme corps pondérable, possède une tension *résineuse* puissante, et l'espace céleste qui l'environne ne possédant pas cet état, est à l'état *résineux en moins* ou *vitré*. (§§ 14, 36, 40, etc.)

4°. La terre, comme tout globe électrique au milieu d'un espace libre, a sa tension à la surface, et cette tension peut augmenter ou diminuer dans certains points, suivant que les corps placés au-dessus ont une tension moindre ou plus grande, c'est-à-dire suivant que ces corps sont *vitrés* ou *résineux* par rapport à la moyenne électrique du globe.

5°. Tout corps placé à la surface de la terre partage sa tension *résineuse*; cette tension augmente d'autant plus qu'il forme une plus grande saillie dans l'espace. Ainsi les montagnes, les monuments et même les êtres organisés ont des tensions *résineuses* plus fortes que le sol sur lequel ils reposent. (§ 12.)

6°. Lorsqu'on isole un corps, après l'avoir mis en communication avec le sol, il est en équilibre de réaction dans toutes ses parties et suivant l'éloignement de chacune d'elles; les portions inférieures sont moins *résineuses*, les portions supérieures plus *résineuses*. Dans cet état d'équilibre distributif, si ce corps possède des parties mobiles comme les feuilles d'or d'un électromètre, elles n'indiquent aucune action prépondérante. (§ 12.)

7°. Si, sous un ciel sec et serein, on éloigne ce corps ou cet électromètre de la surface du sol, ou d'un corps élevé qui y tient, la réaction du globe n'agissant plus dans les mêmes proportions sur la longueur de la tige isolée, l'électricité *résineuse* s'y répartit différemment; elle augmente vers la partie supérieure, elle diminue vers la partie inférieure, et les feuilles mobiles attachées à cette dernière, s'écartent l'une de l'autre pour se rapprocher des corps tenant au sol, ou possédant la même tension que lui. On nomme *vitrée* cette tension *résineuse en moins* que possèdent alors les feuilles d'or. (§§ 12 et 13.)

8°. Si l'on descend l'électromètre, le premier équilibre est produit, les feuilles sont à zéro. (§§ 12 et 13.)

9°. Si on le descend au-dessous du point d'équilibration, la réaction du globe croissant plus sur la partie supérieure que sur l'inférieure, l'électricité *résineuse* en est repoussée; elle devient dominante dans la portion inférieure, et les feuilles divergent *résineusement*. Ainsi, ce n'est point l'atmosphère qui agit sur l'électromètre, mais la tension *résineuse* de la terre. (§§ 13, 14, 25, 28.)

10°. Pour éviter toute complication dans cette expérience, il faut que l'extrémité supérieure soit terminée par une boule unie, afin d'augmenter les effets d'influence, et d'éviter les rayonnements. Dans cet état, l'électromètre peut rester douze heures exposé à l'air et aux vents sans qu'il manifeste la moindre électricité. (§ 14.)

11°. Puisqu'il n'y a pas de phénomène électrique sans matière pondérable, le rayonnement, entre deux corps différemment électrisés, se fait d'autant mieux que ces corps ou l'un deux se vaporise plus facilement; conséquemment, l'eau à la surface du globe *résineux* se vaporise mieux sous cette influence électrique; les vapeurs emportent une tension *résineuse* égale à celle de la surface du liquide, et elles se répandent dans l'atmosphère suivant leur pesanteur spécifique et leur répulsion, comme corps chargés de la même électricité. (§ 35.)

12°. Les vapeurs ainsi dispersées réagissent de haut en bas sur l'électroscope; elles le placent dans une enceinte *résineuse*, et l'instrument, en s'élevant ou en s'abaissant, n'éprouve plus que de faibles différences de réaction, ou même quelquefois n'en éprouve plus d'appréciables; ce n'est que par une ascension, avec un cerf-volant ou un ballon, que l'extrémité de l'instrument peut sortir de cette enceinte de réactions homogènes. En prenant pour point de départ l'influence obtenue sous un ciel serein par un froid prolongé de 10 degrés au-dessous de zéro, la diminution de cette influence indiquera le surplus de vapeurs *résineuses* contenues dans l'atmosphère. (§ 13.)

13°. Les appareils fixes de peu d'étendue sont sans utilité dans un temps sec et serein; ils ne peuvent manifester d'électricité d'influence, puisqu'ils restent au lieu de leur équilibration, et ils ne peuvent rayonner celle retenue sur leurs parois, l'air sec étant un bon isolant. Lorsqu'ils ont des longueurs considérables et qu'ils sont très-élevés, l'étendue du fil supplée à la faiblesse du rayonnement local, l'appareil perd son électricité d'influence et se charge d'électricité permanente. (§ 43.)

14°. Lorsque l'air est un peu humide, le rayonnement en est favorisé et l'on peut obtenir des courants continus avec de moindres longueurs de fil. (§ 43.)

15°. Il ne faut pas confondre ces phénomènes électriques provenant des influences atmosphériques avec ceux que donne l'oxydation des fils conducteurs plongés dans un milieu humide. Cette cause d'erreur a souvent fait attribuer à l'atmosphère ce qui appartenait à une action chimique. (§ 43.)

16°. Lorsque, par un abaissement de température, les vapeurs premières sont condensées, elles forment des nuages opaques, et l'électricité qu'elles ont emportée se distribue suivant leurs groupements et les influences ambiantes. L'influence de la terre rend ces nuages plus *résineux* dans la partie supérieure que dans l'inférieure; l'électromètre divergera plus alors sous ces vapeurs massées en nuages que lorsqu'elles étaient disséminées également. (§ 44.)

17°. Lorsque la température s'élève et que ces nuages primitifs repassent à l'état de vapeurs élastiques, c'est sous l'influence *résineuse* de la terre au-dessous et sous l'influence *vitrée* au-dessus; les premières vapeurs qui s'en élèvent sont plus fortement *résineuses*, tandis que les dernières le sont moins; l'atmosphère contient alors des masses de vapeurs élastiques *résineuses*, et des masses de vapeurs élastiques *vitrées*; en un mot, il y a des nues transparentes, les unes chargées d'électricité *résineuse*, les autres chargées d'électricité *vitrée*, et intermédiairement des espaces neutres qui en sont les éclaircies. On peut retrouver les limites de ces nues transparentes au moyen du cerf-volant ou du ballon. (§§ 45, 46, 52, 53.)

18°. La condensation de ces nues transparentes forme des nuages opaques secondaires chargés de leurs électricités respectives; une nouvelle élévation de température reproduit une nouvelle division dans les charges électriques: les premières vapeurs produites sont plus *résineuses* que les précédentes; les dernières le sont moins, elles sont *vitrées* par rapport aux vapeurs supérieures et *résineuses* par rapport aux inférieures. C'est par suite de ces condensations et de ces évaporations successives que les vapeurs supérieures acquièrent des tensions *résineuses* de plus en plus fortes, et que celles près du sol deviennent plus *vitrées;* intermédiairement il y en a à des degrés différents qui sont maintenues séparées par la différence de leur pesanteur spécifique. (§§ *id.*)

19°. A mesure que les vapeurs, par cette suite de transformations, se chargent d'une électricité croissante, leurs molécules se repoussent davantage entre elles; elles sont aussi plus repoussées de la terre ou attirées vers l'espace; elles s'élèvent à des hauteurs bien supérieures à celles qui répondent à leur pesanteur spécifique. Ces nuages opaques ou transparents, chargés à des degrés différents d'électricité résineuse, dont les uns, par rapport à la tension du globe qui sert de norme, sont *résineux*, et les autres *vitrés;* ces nuages, disons-nous, s'équilibrent entre eux lorsqu'ils se rapprochent par suite des condensations que leur font éprouver les abaissements de température et la moindre répulsion terrestre. Lorsqu'il y a d'autres couches de nuages interposées, il se fait des échanges qui varient avec leur mode d'agglomération et leur conductibilité : ces échanges produisent des explosions promptes, si la périphérie des nues contient beaucoup d'électricité libre; ou bien des *explosions filées* si la conduction est faible, et si la décharge a lieu le long des masses en regard. (§§ 54, 55, 56.)

20°. Une décharge en un point étant suivie d'une équilibration nouvelle, elle en provoque d'autres; c'est ainsi que des météores se succèdent et peuvent devenir nombreux à certaines époques; c'est ainsi que des météores simultanés, en se succédant à de courts intervalles, se font remarquer dans des pays éloignés l'un de l'autre, météores qu'on a souvent pris pour le même, à cause de la presque simultanéité de leur existence.

21°. A la suite de ces équilibrations ou décharges électriques, les vapeurs étant moins repoussées, la gravité reprend son influence; elles s'abaissent, se condensent et se résolvent ultérieurement en pluie. (*Ib.*)

22°. Les pluies provenant des nuages *résineux* sont plus abondantes que celles provenant des nuages *vitrés*; de même les vents sont plus brusques, plus violents, et c'est sous l'influence des masses de nuages *résineux* que naissent les tempêtes et les inondations. (§§ 57 et 58.)

Recherches sur la cause des phénomènes électriques de l'atmosphère, et sur les moyens d'en recueillir la manifestation, par M. A. Peltier.

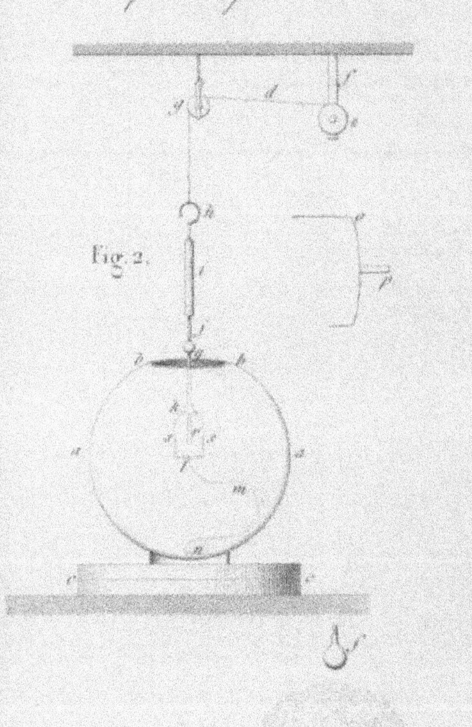

Fig. 2.

Fig. 1.

Fig. 3.

Recherche

Fig. 1.

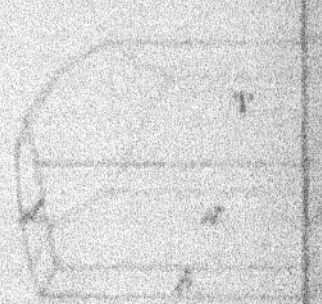

Fig. 4.

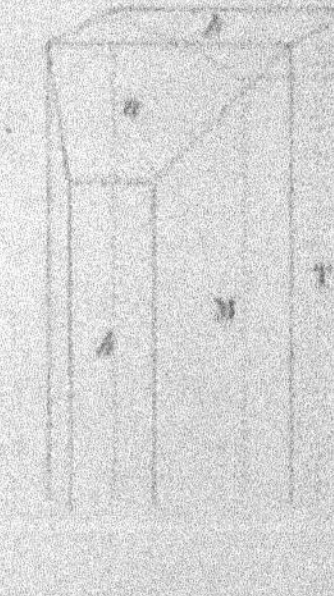

Fig. 7.

Pl. IV.

…ristallographiques, par M. de la Provostaye.

Fig. 2.

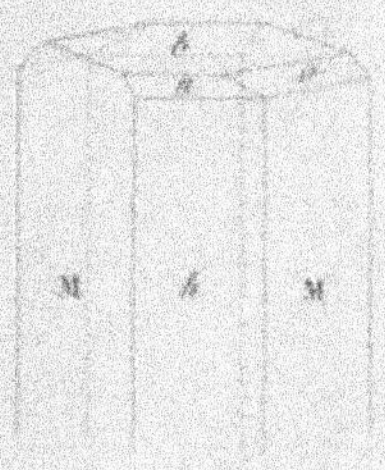

Fig. 3.

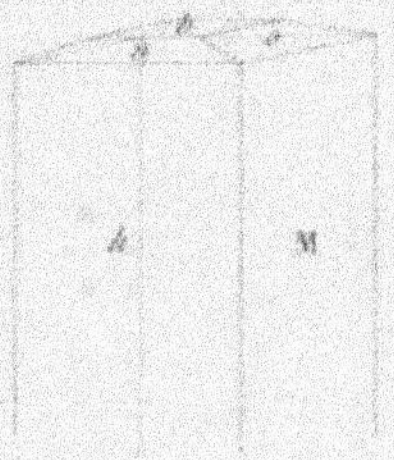

Fig. 5.

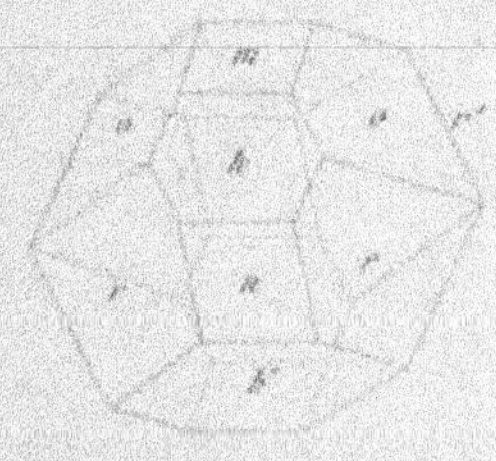

Fig. 6.

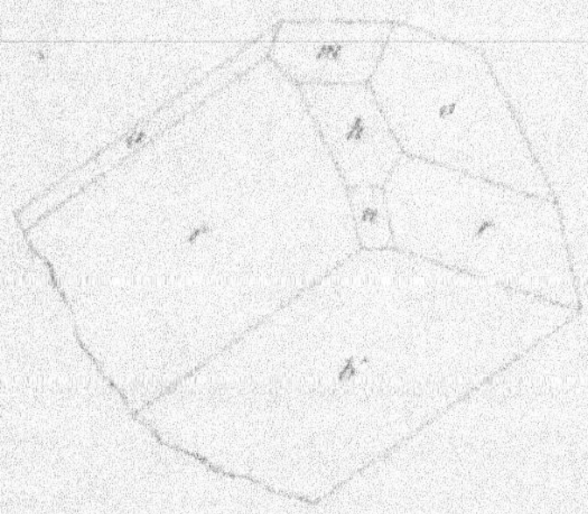

Fig. 8.

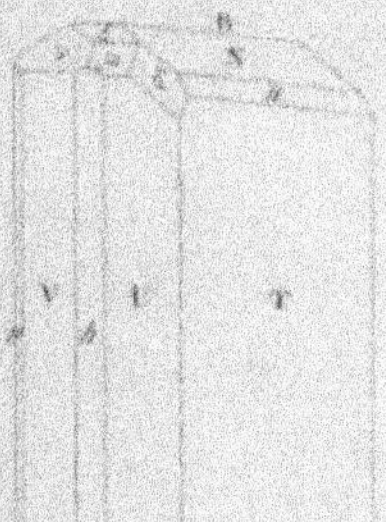

Fig. 9.

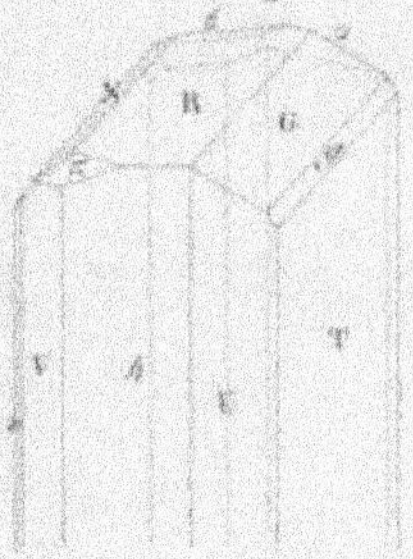

www.ingramcontent.com/pod-product-compliance
Ingram Content Group UK Ltd.
Pitfield, Milton Keynes, MK11 3LW, UK
UKHW021022180726
13838UKWH00004B/1605

9 782329 231822